Daniela Piolini & Antonella Boffa Ballaran

Diagnose: UNREITBAR!

Wie ein gebrochenes Pferd wieder Vertrauen fasst ...

Mit einem Vorwort
von Dr. Gerd Heuschmann

WuWei
VERLAG

Vorwort

Einen leider nicht sehr seltenen Werdegang eines Pferdes beschreibt Frau Piolini in ihrem zweiten Buch.

Das wundervolle junge Pferd wird mit falsch verstandener Ausbildungsmethodik von Woche zu Woche steifer, fest und schließlich krank – ja sogar unreitbar.

Ein großer Teil unserer Reit-, Sport- und Freizeitpferde muss als Korrekturpferd angesehen werden.

Mechanisch beigezäumte Pferde durch mechanisierte Hilfen, aus einem verspannten mechanisierten Sitz auf Lektionen getrimmt, steppen durch die Vierecke und Hallen.

Freizeitpferde schleppen ihre Reiter mit steifem Rücken durchs Gelände. Man stellt sich die Frage: „Wo sind eigentlich die Verantwortlichen, die genau da aktiv werden sollten?". Werden auch in Zukunft nur „Pflaster geklebt" oder wird es doch in nächster Zeit eine Rückbesinnung geben? Sind nicht all die Probleme, mit denen sich insbesondere der Turniersport zur Zeit herumschlägt, nur das Ergebnis einer massiven Vernachlässigung unserer traditionellen Reitkultur?

Warum lehren wir eine Ausbildungsskala mit einem Punkt, der „Losgelassenheit" heißt, wenn im Sport hauptsächlich verspannte Pferde belohnt werden?

Ich wünsche diesem wundervollen Büchlein eine große Verbreitung! Möge es helfen, vielen Menschen die Augen zu öffnen.

Gerd Heuschmann

Die Hauptdarsteller

Geschichten wie diese kommen leider nur allzu häufig vor: Die Hauptrollen spielen darin Attila, ein „schwieriges" Problempferd, und Anna, die es - ohne jegliche Vorkenntnisse, aber mit der besten Absicht erwirbt - und sich gar nicht darüber im klaren ist, welche Probleme damit
auf sie zu kommen.
Von Anfang an musste Attila „so gut wie alles" machen - die Methoden, die Art und Weise und den Zeitpunkt bestimmte jeweils der Mensch, und nicht das Pferd.

Und das Ergebnis war jedes Mal eine Katastrophe.

Wie man häufig genug in Reitställen sehen kann, sind die Ausbildungsmethoden manchmal grausam, eine echte Folter für die Pferde, die keinerlei Logik entspricht.

Um schnell zu Ergebnissen zu kommen, hatte keiner von Attilas Vorbesitzern Rücksicht auf sein körperliches, seelisches und geistiges Wohl genommen.

Das Motto lautete stets: „Der Zweck heiligt die Mittel", und so griffen sie alle lieber zu einem schärferen Gebiss anstatt mit schärferem Verstand vorzugehen.

Wenn man bedenkt, dass ein Pferd ein intelligentes, feinfühliges Lebewesen ist, ein guter Kumpel und Begleiter, mit dem man seine Freizeit verbringt - welche Befriedigung kann ein Mensch empfinden, wenn er das Tier festbindet, knebelt und womöglich noch schlägt, nur um zum Beispiel einen „kleinen Ausritt" zu machen?

Leider scheinen manche Pferde in den Händen aggressiver, machtbesessener Besitzer besser zu "funktionieren", aber ihre Psyche leidet schwer darunter. Bei näherem Hinsehen wird man feststellen, dass diese Tiere keinen lebendigen Augenausdruck mehr haben, nervös mit dem Schweif wedeln und die Ohren anlegen...

Auf diese Weise verlieren sie noch mehr Sicherheit und zeigen zwei typische Verhaltensweisen:

1. Sie werden immer schwieriger im Umgang. Kaum lässt man sie einen Moment los, erschrecken sie und flüchten oder werden stur und gefährlich.
2. Sie verfallen in einen Zustand der so genannten „learned helplessness", eine Art anerzogene Hilflosigkeit und Verzweiflung, in einen posttraumatischen Dauer-Stress, bei dem das Pferd gelernt hat, nicht mehr auf Druck und Schmerz zu reagieren - mit allen entsprechenden Folgen, die sicherlich die Hauptursache für mangelhafte Leistungen und extrem kurze Turnier-Karrieren sind.

Das Grundproblem ist immer das gleiche und hängt ausschließlich von den Reitern ab: in welchem Maße sind sie bereit, ihre eigenen Ansichten in Frage zu stellen, um die Sichtweise ihres Pferdes zu begreifen, die - nur allzu oft - konträr zu ihrer eigenen ist?

Die Hauptdarstellerin in unserer Geschichte, Anna, lernt nach und nach die Sichtweise ihres Pferdes zu verstehen und das hilft ihr wiederum, das Tier für seine unerwarteten, heftigen Reaktionen nicht zu bestrafen. Die Grausamkeiten, denen Attila zum Opfer fiel, sind der beste Beweis dafür, dass er kein einfaches Leben hatte.

Nur indem sich Anna mit Methoden beschäftigte, die für das Pferd körperlich und auch geistig nachvollziehbar waren, wurde sie selbst emotional gefestigter, gewann wieder Ruhe und Selbstsicherheit und konnte auf diese Weise langsam Attilas Vertrauen und Achtung gewinnen.

Die erste Frage, die man sich zum besseren Verständnis dieses Prozesses stellen muss, lautet: Ist das Pferd ein intelligentes Wesen?

Ganz gewiss, auch wenn man seine Intelligenz nicht mit der menschlichen gleichsetzen kann. Dazu einige Beobachtungen:

- Pferde weisen ein hohes Maß an Lernfähigkeit auf, und dies auch in Bereichen, die nicht unbedingt genetisch vererbt sind;
- Pferde sind von Natur aus neugierig, was dafür spricht, dass sie einen lebendigen, unternehmungslustigen Geist besitzen – auch wenn sie evolutionsbedingt Fluchttiere sind;
- Pferde besitzen ein ausgeprägtes „Nützlichkeitsdenken" sowie ein unfehlbares Langzeitgedächtnis;
- Pferde sind eine frühreife Spezies, lernen aber auch ausgewachsen immer noch schnell und vergessen kaum etwas, vor allem, wenn sie bestimmte Situationen mit Freude oder Schmerz verbinden.

Schwierig bleibt dabei allerdings nachzuvollziehen, wie sich ein so starkes Tier derartig „biegen und brechen" lässt, um die Ansprüche des Menschen zu erfüllen.

Pferde sind von Natur aus keine aggressiven Tiere; Streit und Kampf geben ihnen keine Befriedigung. Ganz im Gegenteil, sie finden in einer „Zusammenarbeit" mit dem Menschen ein inneres Gleichgewicht, das für sie unerlässlich ist.

Hat man es also mit Verhaltensweisen zu tun, die gewöhnlich als „gefährlich" oder „verrückt" bezeichnet werden, kann man sicher sein, dass es sich dabei lediglich um „Alarmglocken" handelt, die ein grundsätzliches Unwohlsein, eine psychische Störung oder eine Fehlanpassung signalisieren. Das Tier, das seine Bedürfnisse nach Gemeinsamkeit und Umgang mit Artgenossen nicht befriedigen konnte (wie es zum Beispiel in einer Herde der Fall ist, die Pferden Sicherheit und Geborgenheit gibt), entwickelt bestimmte Reaktionen, die zum Teil sogar gegen seine Natur gehen (wie etwa Zwangsverhalten, psychosomatische Krankheiten, Apathie, Aggressionen etc.)

Daran können wir erkennen, wie wichtig es ist, einem Pferd Bedingungen zu garantieren, die es ihm ermöglichen, seine Grundbedürfnisse zu befriedigen, die neben Nahrung und Ruhe vor allen Dingen Sicherheit und Geborgenheit sind (Sozialleben, Bewegung, Umgang mit anderen Pferden).

So wird Attila zum Stellvertreter für die zahlreichen Pferde, die man nur allzu häufig in Reitställen antrifft, Pferde, die von ihren Besitzern als „unmöglich, verrückt, nicht reitbar" bezeichnet und von einem Besitzer zum nächsten weitergereicht werden – mit immer schlimmeren Folgen für ihr körperliches und emotionales Wohl.

Doch zum Glück gibt es auch ein paar Besitzer, die durchhalten und sich wie Anna die Mühe machen, nachzudenken...

Geld und blaue Flecken

Herr Ernst war ein bekannter Pferdehändler. Dutzende von Pferden aller Art hatte er in seinem Leben schon verkauft, aber so ein Tier wie Attila war ihm noch nie untergekommen! Eigentlich ein Prachttier – das sollte einen ordentlichen Batzen Geld abwerfen... [So dachte sich Herr Ernst zunächst]. Aber was für ein bösartiger Sturschädel! Ein echter Alptraum! Herr Ernst war bestrebt, Attila so schnell wie möglich für möglichst viel Geld loszuwerden...

„Farouche – wild und störrisch.
Zu dieser Bemerkung möchte ich hinzufügen, dass die meisten Fehler eines Pferdes einen Beweis für sein Gedächtnis und seine Intelligenz darstellen, um die man sich zuwenig Gedanken macht; man vergisst dabei, dass die Eindrücke von heute das Ergebnis von morgen hervorbringen; dass man die Erziehung eines jungen Pferdes ebenso sorgfältig überwachen muss wie die eines Kindes und es daher nur mit Menschen umgeben darf, die in der Lage sind, ihm gute Gewohnheiten zu vermitteln. Ebenso wäre es wünschenswert, dass Züchter im Umgang mit den jungen Fohlen nur Männer einsetzen, die von Natur aus sanft und geduldig sind und die ihnen das Vertrauen einflößen, das ihnen Misshandlungen nehmen würden.“

François Baucher interpretitert von Dr. med. vet. R. Stodulka, Sein Leben, Sein Werk, Der Mythos, Wu Wei Verlag 2009

„Darf ich mich vorstellen: ich bin Attila. In meinem Leben hatte ich schon eine ganze Reihe Besitzer...Ich bin meistens „benutzt" und eigentlich nie richtig erzogen worden. Mein ganzes Verhalten spiegelt genau die Art und Weise wider, wie die Menschen mit mir umgegangen sind... ohne Liebe, ohne Mitgefühl und ohne Wissen... Alle sagen, ich bin wild und gefährlich..... Das stimmt: ich habe keinen Respekt mehr vor Zweibeinern...!"

Und so begann ein munteres Kommen und Gehen von unwissenden Kaufinteressenten, die „hautnah" miterlebten, zu welchen Ausbrüchen Attila fähig war. Mit etlichen Blessuren und blauen Flecken schlichen sie dann enttäuscht von dannen, und Herr Ernst fürchtete bereits, dass dieser Teufel von einem Pferd unverkäuflich war. Bis eines Tages Anna, eine junge Reitanfängerin, im Stall auftauchte. Sie war auf der Suche nach einem vierbeinigen Gefährten, mit dem sie ihre Leidenschaft für den neu erlernten Sport teilen konnte. Herr Ernst zeigte ihr Attila.... und es war Liebe auf den ersten Blick – zumindest für Anna... Geschäft ist Geschäft, dachte sich Herr Ernst zufrieden, und wieder einmal füllten sich die Taschen des geschickten Pferdehändlers mit viel Geld.

„Es erkennt bei jedem Menschen, der sich ihm nähert, ob dieser fähig ist, Angst hat oder Unsinniges verlangt. Es weiß daher, diese Person zu schätzen, zu lieben, zu hassen oder zu verachten. Einem Pferd muss man Achtung und Vertrauen einflößen. Mit diesen Gefühlen von Gehorsam und Liebe muss man die schönen Eigenschaften herausarbeiten, die die Natur zur Verfügung gestellt hat, und sie der Kunst darbringen, um sie weiter zu kultivieren."

Federigo Mazzucchelli,
Elementi di Cavallerizza (Mailand: Pietro Agnelli, 1802), S. 146

„Nachdem wir uns zum Ziel gesetzt haben, die Schranken sowohl seitens des Reiters als auch seitens des Pferdes abzubauen, dürfen wir nicht vergessen, dass der Begriff „Eigentum" für das Pferd nichtssagend ist."

Paul McGreevy,
Perché il mio cavallo fa così? (Città di Castello: Alberto Perdise Editore, 2005), S. 5

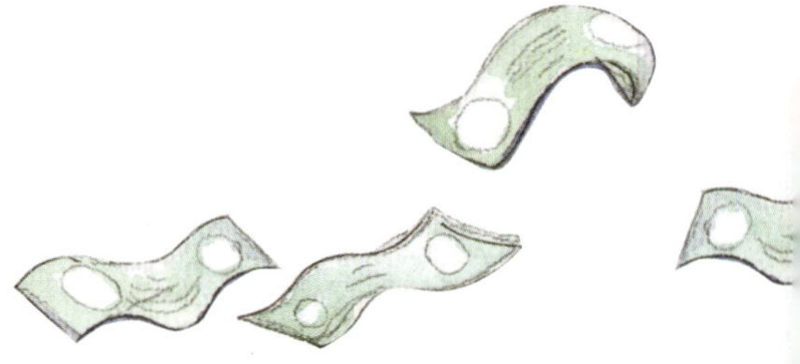

„Schon
wieder eine..
Hey, Mädel,
bis du die
nächste, die mich
reiten will? Ich sag's
dir klar und deutlich:
Bleib mir
bloß vom Leib!!"

Annas Traum war endlich in Erfüllung gegangen: ein eigenes Pferd! Schon schwelgte sie in Gedanken an große Pferdeliebe und gemeinsame Ausritte. Als erstes stürmte sie das nächste Reitsportgeschäft – und kam mit einem ganzen Einkaufswagen wieder heraus: die blaue Satteldecke, die so edel zur beigen Reithose und zum farblich abgestimmten blauen Halfter aussah, die grünen Bandagen und die roten Gamaschen... und... und... und... Annas Kopf war voller Träume... Und dann gleich zum Reitstall!
Die Wirklichkeit sollte sich aber bald als weniger rosig erweisen...
Schon als Anna Attila das neue Halfter überziehen will, merkt sie, dass das gar nicht so leicht geht...

„Bis vor kurzem noch glaubte man nicht, dass Pferde ein bewusstes Denkvermögen besitzen und fähig sind, Entscheidungen zu treffen. Man betrachtete das Pferd – ähnlich wie einen Drogensüchtigen – als ein nicht mit Vernunft begabtes Wesen, ja geradezu als Geisteskranken, den es zu brechen galt. Ähnlich wie Sklaven, blieb auch Pferden keine Wahl. Ich habe klar bewiesen, dass Pferde zu bewusstem Denken fähig sind und daher auch Entscheidungen fällen und treffen können."

Monty Roberts,
Join-up. La saggezza del cavallo per l'uomo
(Iesa Lama: Equitare, 2002), S. 250

„Hab ich mich nicht schon beim ersten Mal, wo wir uns gesehen haben, klar ausgedrückt?! Ich kann Zweibeiner nicht leiden! Aber dieses Mädel hat einfach nichts kapiert, wie alle anderen übrigens auch… Na gut, dann fangen wir eben mit der ersten Lektion an: das Halfter ziehe ich nicht an! Ich strecke einfach den Kopf hoch, und das war's dann! Und ich nehme ihn erst wieder runter, wenn ich will!"

Nachdem es Anna nach großer Mühe schließlich doch gelungen war, Attila das Halfter überzuziehen und ihn vor der Box anzubinden, begann sie mit dem Putzen. Schließlich sollte ihr neuer Liebling noch schöner glänzen! Alles lief gut, bis sie sich den Hufen näherte. Die waren plötzlich wie festgenagelt...
Mit aller Kraft zerrte die junge Amazone an Attilas Beinen, aber es gelang ihr beim besten Willen nicht, sie aufzuheben....

Die Gliedmaßen eines Pferdes an- oder aufzuheben ist keine Frage von körperlicher Kraft, sondern vielmehr eine Frage von Erziehung und Kooperation.
Je mehr wir uns gewöhnlich auf einen „Machtkampf", ein „Kräftemessen" einlassen, entwickeln wir im Pferd ein deutliches Widerstandsverhalten, das langfristig in „gefährliche" Verhaltensweisen ausarten kann.
Wir sollten also weniger versuchen, „die Hufe aufzuheben", sondern vielmehr das Pferd zu motivieren, uns seine Hufe bzw. Beine freiwillig zu reichen.
Auf diese Weise lernt das Tier, unsere Anwesenheit zu akzeptieren und sich am ganzen Körper, ohne angebunden zu sein, berühren zu lassen.
Das Pferd sollte kein Stressgefühl oder Angst verspüren, wenn wir uns seitlich an seinem Körper entlang bewegen, sondern sich sicher und entspannt fühlen. Dann „bitten" wir das Pferd, ein beliebiges Bein aufzuheben, indem wir einen leichten Druck ausüben, der vorsichtig verstärkt wird, sollte das Pferd nicht gleich reagieren. Wichtig ist, das Pferd nach jedem gelungenen Versuch zu loben. Auf diese Weise wird das Tier schnell und willig mitarbeiten.

„Sie zieht und ich ziehe: ein nettes Spiel! Immer das Gleiche – aber ist das eine Art, mich zur Zusammenarbeit zu bewegen!? Ich verhalte mich so, wie es mir mein Instinkt sagt: zuerst verteidige ich mich, und bevor ich mit jemanden zusammenarbeite, muss ich der Person erst einmal vertrauen können. Wenn ich hier schon auf drei Beinen balancieren soll, muss ich mich wenigstens auf diese Person verlassen können... Nee, darauf lass ich mich nicht ein!

Das gleiche Spiel wiederholt sich, als Anna versucht, Attila ein paar Zentimeter zur Seite zu schieben. Mit aller Kraft drückt sie gegen den Pferdeleib, aber das macht die Sache nur schlimmer....
Aus sicherer Entfernung beobachtet Herr Ernst die beiden und zuckt gelassen mit den Schultern. Sein Geld hat er ja schon in der Tasche!

„Früher gab es in Zuchtställen eigenes Personal, das sich ausschließlich um die Aufzucht und den Beritt von Fohlen und Jungpferden kümmerte. Man nannte sie die „Sattelreiter". Sie wurden aus denjenigen ausgewählt, die ein Höchstmaß an Geduld, Berufserfahrung, Mut und Sorgfalt besaßen, während für die bereits eingerittenen Pferde eine derartige Perfektion dieser Eigenschaften nicht mehr nötig war. Sie hatten die Aufgabe, die Fohlen im Stall an den Umgang mit Menschen zu gewöhnen, die Hufe aufzuheben, und sie mit Sattel und Zaumzeug vertraut zu machen. Sie flößten ihnen Vertrauen und Sicherheit ein, bis sie sich ruhig reiten ließen. Nie griffen sie zu Strenge oder Gewalt, wenn sie es zuvor nicht mit allen erdenklichen sanften Methoden versucht hatten, und mit dieser unerschöpflichen Geduld brachten sie den Fohlen bei, den Menschen als Vertrauten und Freund zu betrachten und gleichzeitig ihren Mut und ihre Kraft zu wahren, während sie gehorsam und geschmeidig auf die ersten Hilfen reagierten. Würde man heute das Verhalten dieser passionierten Reiter von damals mehr nachahmen, gäbe es weniger verkrüppelte, kaputt gerittene, gestörte, steif und bösartig gewordene Pferde."

François Robichon de la Guérinière,
Scuola di Cavalleria (SIAEC, 2002), S. 23

„Die Gelassenheit eines Pferdes ist das Ergebnis seines Gehorsams, und dieser Gehorsam hängt zu einem großen Teil davon ab, ob das Tier in seiner Jugend und im ersten Umgang mit Menschen gut oder schlecht behandelt wurde. Man muss daher sehr behutsam vorgehen, um es an die Berührung und den Umgang als solches zu gewöhnen, damit es vor dem Menschen keine Angst bekommt, wenn er sich ihm nähert."

Dupaty de Clam,
La scienza e l'arte dell'equitazione (SIAEC, 2005), S. 93

„Schön – ein neues Spielchen: Schieben-und-Drücken! Glaubt diese Göre ernsthaft, mich so zur Seite schieben zu können? Unglaublich!"

Anna hat ihren neuen Liebling kaum aufgesattelt, schon liegt sie am Boden – und weiß gar nicht wie ihr geschieht, weil sie die Botschaften, die Attila ihr unmissverständlich übermittelt, überhaupt nicht begriffen hat...

„Ein bösartiges Pferd ist ein Pferd, das aufgrund von Schlägen so böse geworden ist, dass es beißt, ausschlägt und Menschen hasst; gewöhnlich ziehen sich cholerische und rachsüchtige Pferde diese Mängel zu, wenn sie ungerechtfertigt und über die Maßen geschlagen werden; denn die Unwissenheit und die schlechte Laune mancher Reiter bringen mehr lasterhafte Pferde hervor als die Natur."

François Robichon de la Guérinière,
Scuola di Cavalleria (SIAEC, 2002), S. 22

„Leistet das Pferd Widerstand, ist fast immer ein körperliches Leiden dafür die Hauptursache. Schuld sind meist Muskelkontraktionen, die es aufgrund der Unfähigkeit, Unerfahrenheit oder Brutalität des Reiters erleidet. Allmählich greift der Widerstand vom Körper auf Moral und Psyche über und ist dann wesentlich schwieriger zu heilen."

Victor Franconi,Il Cavaliere (SIAEC, 2006), S. 52

„Nächste Lektion:
kleiner Abflug
im Freistil gefällig?"

Trotz schmerzender blauer Flecken und Schrammen will Anna nicht aufgeben: zu groß ist der Wunsch, ihr Traumpferd endlich zu reiten! Sie ist felsenfest überzeugt: wenn sie erst einmal im Sattel sitzt, wird alles sowieso besser gehen... Und so führt sie Attila zum Sattelplatz.
Attila ist energiegeladen: zu lange war er schon in seiner Box eingesperrt. Kaum ist er aus der Box befreit, reißt er seiner Besitzerin mit einem Satz nach vorne den Führstrick aus der Hand und galoppiert wie wild davon.

„Kein Pferd ist glücklich oder gesund, wenn es sich nur in bestimmter, sehr begrenzter Art und Weise bewegen darf. Unser Körper ist für unterschiedliche Bewegungsweisen gebaut. Für uns hängt Gesundheit von körperlicher Bewegung ab, und zwar von regelmäßiger und ausgewogener.
Man muss uns Zeit und Raum zum Erforschen geben, wie sich unser Körper durch die Luft und auf dem Boden bewegt. Gerade Fohlen müssen jede Form von Bewegung auskundschaften: sie müssen lernen, wie man sich hinlegt, sich wälzt, wieder aufsteht, wie Schritt, Trab, Canter- und Renngalopp funktionieren, wie man sich dreht, ausschlägt, springt und vieles mehr.
Jede einzelne Bewegung stimuliert Muskeln, Knochen und Gelenke aber auch den Geist in unterschiedlicher Manier. Für unsere Entwicklung ist es wichtig, dass wir alle Bewegungsarten auf unsere Weise und zu einem für uns passenden Zeitpunkt ausprobieren – und nicht nur dann, wenn es der Mensch von uns verlangt. Pferde, die jeden Tag nur eine beschränkte Art von Bewegung ausführen dürfen – Dressurpferde oder Traber zum Beispiel – leiden gewöhnlich bald an körperlichen und psychischen Störungen. Sie benötigen genügend Zeit und Raum, um auch andere Bewegungsformen zu erkunden; anderenfalls entstehen Ungleichgewichte."

Kate Solisti-Mattelon,
Parola di Cavallo (Rom: Edizioni Mediterranee, 2004), S. 49

„Endlich ein schöner Galopp in Freiheit. Das Blut strömt mir durch die Adern ...

Traumhaft!
Aber warum verfolgt mich dieses Mädchen immer noch? Na, bevor ich mich einfangen lasse, vergnüge ich mich noch ein bisschen..."

Nicht ohne Schwierigkeiten war es Anna gelungen, Attila wieder einzufangen und nachdem eine scheinbare Ruhe eingekehrt war, begab sie sich mit Attila zum Reitplatz. Ein gepflegter, blumengesäumter Weg führt zum ersehnten Ziel... Nur schade, dass Attila sich deutlich mehr für die leckeren Grashalme am Wegesrand interessierte als für den Dressurplatz...
Anna gab sich größte Mühe, Attila geradeaus zu führen. Sie zog und zerrte und – ups, Verzeihung! – als Attila sich zu einem Grasbüschel herunterbeugte, war er ihr doch glatt auf den Fuß gestiegen...

Auch wenn gerne versucht wird, das Gegenteil zu behaupten, sind Pferde keineswegs dumm: sie sehen ausgezeichnet und haben ihre Beine perfekt unter Kontrolle – wenn sie wollen!
Wenn sie uns auf die Füße treten oder uns schubsen, weil sie zu nahe an uns vorbeigehen, geschieht das sicher nicht aus der Absicht heraus, uns weh zu tun, sondern weil wir Menschen in ihrer Rangordnung einen ziemlich niedrigen Platz einnehmen.
All das lässt sich vermeiden, wenn man dem Pferd von Anfang an beibringt, einen gewissen Sicherheitsabstand zu wahren und dieses Wissen auch allen Reitanfängern vermittelt wird, und zwar noch bevor sie in den Sattel steigen: wie führe ich ein Pferd korrekt, um Unfälle dieser Art zu vermeiden.
Es geht dabei nicht um ein Kräftemessen oder ein „Beherrschen" des Pferdes im negativen Sinn, sondern um die Entwicklung eines entsprechenden Bewusstseins für die Einhaltung von ein paar gesunden Grundregeln, die den Umgang zwischen Mensch und Pferd so sicher und verständlich wie möglich machen. Nachdem das aber selten der Fall ist, verhalten sich die Pferde dementsprechend!

„Endlich kann ich mich in Ruhe meiner natürlichen Hauptbeschäftigung widmen: Gras fressen...
Aber irgendwas hängt da unter meinem Fuß..."

Endlich auf dem Reitplatz angekommen, will Anna, leicht lädiert aber immer noch motiviert, in den Sattel steigen. Von dieser Idee hält Attila aber nicht sonderlich viel. Anna gelingt es nicht, ihn festzuhalten: sobald sie einen Fuß in den Steigbügel setzt, dreht sich Attila mit entschlossenem Blick sofort um die eigene Achse...

Hinter jeder Reaktion eines Pferdes, sei sie auch noch so absurd und übertrieben, verbirgt sich immer ein Grund.
Je besser der Mensch lernt, jeden Kommunikationsversuch des Tieres zu „entziffern" und zu „decodieren" und die Dinge aus der Sicht seines Pferdes zu begreifen (was häufig diametral entgegengesetzt zum Standpunkt des Reiters sein kann...), desto befriedigender und erfolgreicher wird der Umgang mit diesen prächtigen Tieren.
Wenn es einem Pferd ganz offensichtlich nicht recht ist, dass sich ein Reiter auf seinen Rücken schwingt, ist das sicherlich kein gutes Zeichen für den armen Reiter... Andererseits ist es ein guter Ausgangspunkt, um den Grund für dieses Verhalten näher zu erforschen... und das Problem zu lösen!
Jüngere Studien haben gezeigt, dass Pferde jahrelang unter dauerhafter Schmerzbelastung gehen können, ohne nach außen deutliche Symptome zu zeigen. Erst im akuten und/ oder chronischen Zustand wird das Problem ersichtlich...
Ein bewusster Reiter sollte daher bei allen Anzeichen von Unduldsamkeit, die sein Pferd zeigt, hinterfragen, ob vielleicht körperliche Probleme die Ursache sein könnten.

„Oh nein! Der Nächste, der mich reiten will! Mit den Erfahrungen, die ich hinter mir habe, schwant mir schon was kommt: wahnsinnige Rückenschmerzen, Reißen im Maul, und dann unsinnige Hilfen: Hände, die einen zurückreißen, Schenkel, die einen antreiben, und dann heißt es: spring mal hier, galoppiere mal da... Warte, ich geh mal am besten ein Stück zur Seite...!"

Nach einigen weiteren Abenteuern gelingt es Anna endlich aufzusteigen. Vielleicht geht es jetzt besser... Attila macht ein paar Schritte. Er ist verspannt und aufgeregt. Anna spürt, wie die Spannung steigt... und just in diesem Moment huscht eine kleine, unschuldige Maus über den Hufschlag...

„Alle Pferde, die zu mir gebracht werden, haben einen langen Leidensweg voller emotionalem und körperlichem Missbrauch hinter sich – sei er nun real oder subjektiv als solches wahrgenommen. Auch wenn ich mit ihnen gearbeitet und sie in einen normaleren Zustand gebracht habe, bleibt dieser Erfahrungsschatz zumindest unter der Oberfläche für den Rest ihres Lebens erhalten. Ich beziehe mich hier auch auf emotionale Gewalt, denn ein Pferd erleidet durch eine konfuse Hilfengebung seitens unerfahrener, unwissender Reiter und Ausbilder schwere Schäden. Die Pferde werden verwirrt und verängstigt – nicht nur aufgrund von Schlägen und Gertenhieben, sondern auch aufgrund verwirrender Hilfen und Befehle, was ihr Vertrauen schnell verletzen kann."

Monty Roberts,
Join-up. La saggezza del cavallo per l'uomo (Iesa Lama: Equitare, 2002), S. 77

„Sowohl in der Ausbildung als auch in der täglichen Praxis ist das Wichtigste, das Pferd nie mit Härte zu behandeln. Wut als solches ist von Natur aus unbesonnen, da sie uns häufig verleitet, Dinge zu tun, die man später bereut. Und wenn ein Pferd vor etwas Angst hat und sich dieser Sache nicht nähern will, muss man ihm zu verstehen geben, dass keine Gefahr besteht, vor allem mit dem Beispiel eines mutigeren Pferdes, oder, wenn dies nicht möglich ist, selbst das vermeintlich gefährliche Ding berühren und das Pferd sacht heranführen. Reiter, die versuchen, ihr Pferd mit Schlägen hinzuprügeln, verstärken lediglich die Angst des Tieres: die Pferde, die das Brennen der Hiebe spüren, glauben dann nämlich, dass das, was ihnen Angst einjagt, auch die Ursache für diese Schmerzen ist."

Xenophon, Reitkunst, Dr. Klaus Widdra, Wu Wei Verlag 2007

Mit einem Reiter auf dem Rücken fühle ich mich überhaupt nicht sicher... Das wird böse ins Auge gehen!
Und meistens schlagen sie mich auch noch!
Aaah! Ein Ungeheuer!!!“

Natürlich setzt Attila seine Reiterin bald darauf ohne große Umschweife in den Sand. Aus dem Traum wurde ein Alptraum...

„Wir müssen stets bedenken: wenn ein Pferd Widerstand leistet, unruhig wird, wegläuft, sich hinlegt oder sich verteidigt, macht es dies fast immer, um sich einem Schmerz zu entziehen, den ihm die Behandlung des Reiters verursacht, oder aus Furcht davor. Dieser tatsächliche Schmerz oder die Angst davor führen, wiederholt empfunden, häufig dazu, dass das Pferd reagiert, oder, wenn sich das Tier unterwirft, seine Kräfte nicht in natürlicher Weise einsetzt und damit eine überflüssige und schädliche Anstrengung unternimmt."

Federico Caprilli. In Carlo Giubbilei, Federico Caprilli. Vita e scritti (Mailand: Edizioni Equestri, 1989), S. 72

„Beim Join-up zwinge ich nie ein Pferd dazu, Sattel und Zaumzeug zu akzeptieren. Ich versuche vielmehr, eine Situation herbeizuführen, aus der heraus das Pferd eigenständig entscheidet, ob es gesattelt und eventuell auch geritten werden will. Das Pferd übernimmt die Verantwortung für sein Handeln, und damit wird der Prozess effizienter, schneller und positiver als bei den herkömmlichen Einreitmethoden."

Monty Roberts, Join-up. La saggezza del cavallo per l'uomo (Iesa Lama: Equitare, 2002), S. 229

„So, das war die Abschlusslektion!
Gewöhnlich reicht eine, damit sie
kapieren!
Ich gehe wieder zum Händler zurück
und hab dann wenigstens für
ein paar Tage meine Ruhe."

Für Anna war jetzt der Moment gekommen, der Realität ins Auge zu sehen und eine Entscheidung zu treffen: sollte sie Attila dem Händler zurückgeben und sich ein neues Pferd aussuchen oder den Reitsport gänzlich an den Nagel hängen? Trotz ihrer Unerfahrenheit und großen Verwirrung ist Anna jedoch nicht die übliche arrogante Pferdebesitzerin, sondern will der Sache auf den Grund gehen.
Und so trifft sie eine mutige Entscheidung: sie sucht einen Platz, an dem Attila sich wohl fühlt. Keine Box, keine geschlossenen Räume mehr, keine Zwänge: nur eine schöne Koppel, wo sie ihn beim Grasen beobachten kann. Auf einfache und natürliche Weise kommen sich Anna und Attila dabei allmählich näher und lernen die Gesellschaft des anderen zu schätzen.
Mit der Zeit betrachtet Attila das Mädchen mit anderen Augen: ein menschliches Wesen, das nichts von ihm verlangt - das ist völlig neu! Ein Neuanfang vielleicht...?

„Noch nie in seinem ganzen Leben hatte der alte Waldemar etwas Ähnliches gesehen. Als er sich näherte, starrte ihm eines der Pferde in die Augen.... das war, glaube ich, alles. Ardatha sagte ihm geistig ihren Namen und festigte damit das Band zwischen ihnen“

Mercedes Lackey,
Un araldo per Valdemar (Mailand: Fantacollana Nord, 1988), S. 93

*„Geht ein bisschen zusammen auf die Weide. Lauft oder spaziert umher, wie es euch gefällt, aber bleibt zusammen... Die Verbindung, die zwischen euch wachsen soll, hat schon gut angefangen, aber sie will gepflegt werden.
Ihr müsst gar nichts tun, genießt nur euer Zusammensein. Das genügt.“*

Mercedes Lackey, Un araldo per Valdemar (Mailand: Fantacollana Nord, 1988), S. 102

„Von da an genügte es, auch nur einen Augenblick an den Gefährten zu denken, um zu wissen, wo er sich befand und was er gerade tat. Und wenn sie die Augen schloss, konnte sie sehen, was er sah... Gedanken und Bilder... wenngleich auch keine Worte... flossen kontinuierlich zwischen ihnen; ein so tiefes Gefühl, das weit über jede Bedeutung, die Talia je über das Wort „Liebe“ gehört hatte, hinausging, verband sie jetzt. Und langsam dämmerte ihr, warum es so selten vorkam, dass Heralde und ihre Gefährten einander überlebten, wenn der Tod das Band, das sie vereinte, durchbrach.“

Mercedes Lackey, Un araldo per Valdemar (Mailand: Fantacollana Nord, 1988), S. 150

Zwischen den beiden entwickelt sich langsam ein immer vertrauteres Verhältnis. Jetzt ist für Attila der Zeitpunkt gekommen, Anna seine Geschichte zu erzählen – und Anna kann begreifen...

Die Geschichte eines tragischen Pferdelebens

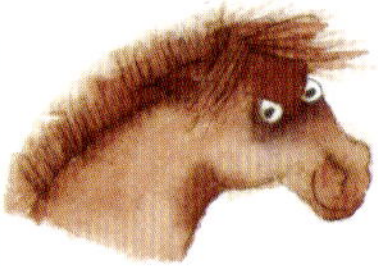

„Mit drei Jahren hat mich ein bekannter Reiter als Springpferd gekauft. Damals fragte ich mich noch, was die Leute meinten, als ich sie über mich sprechen hörte – ich wußte zu dem Zeitpunkt ja noch gar nicht, was „Springpferd" und „Hindernisse" überhaupt bedeutet. Das sollte ich dann aber schnell auf die harte Tour lernen... Auch die Bezeichnungen für die einzelnen Hindernisse musste ich bald lernen: Rick, Mauer, Oxer, Tripelbare, Gatter, Graben...
Gleich zu Anfang der Ausbildung wurde ich mit Schlaufzügeln geritten: morgens Ausbindezügel in der Box, um mich zu meiner schwierigeren Seite hin zu biegen und nachmittags Training auf dem Springparcours mit Schlaufzügeln..."

„Wenn ich meinem Vater und seinen Kollegen bei der traditionellen Ausbildung zusah, hatte ich den Eindruck, dass sie sich eigentlich nur darauf konzentrierten, dem Pferd klarzumachen, dass es keine Wahl hatte. Kein gesundes Lebewesen würde sich für Leid entscheiden: mit drastischen Strafen bringt man dem Pferd bei, dass es keine andere Wahl als absoluten Gehorsam hat. Leid kann zu Gehorsam und Gefügigkeit führen, aber ich glaube nicht, dass Unterwerfung allein ausreicht, um Spitzenleistung zu erzielen. Blinder Gehorsam ist nicht angenehm und erzeugt kein Zusammengehörigkeitsgefühl."

Monty Roberts, Join-up. La saggezza del cavallo per l'uomo (Iesa Lama: Equitare, 2002), S. XXXVI

Dutzende von Sprüngen jeden Tag, Dutzende, sag ich dir...Am Abend war ich müde und hatte keine Ahnung, was die von mir wollten. Wollten sie jetzt, dass ich springe oder nicht? Wenn ja, hatten sie wirklich alles falsch gemacht.
Erstens habe ich mit diesen verdammten Schlaufzügeln nicht gesehen, wo ich hinlief, und nachdem ich den Kopf nicht heben konnte, um den richtigen Absprungpunkt abzuschätzen, hatte ich vor dem Hindernis jedes Mal Schwierigkeiten... und im Sprung konnte ich mich nicht auf natürliche Weise ausbalancieren, weil ich den Hals nicht strecken konnte! Ist das denn so schwer zu verstehen? Sie rissen mich ganz fürchterlich im Maul, und der Rücken tat entsetzlich weh. Ich fragte mich bald, was diese Menschen für ein Hirn hatten..."

„Grundvoraussetzung, damit ein Pferd zu einem guten Springpferd wird, ist, dass es beim Springen nicht unnötig leidet. Das darf der Reiter nie außer Acht lassen; er sollte sich stets vergegenwärtigen, dass jede Handlung, die gegen seine natürlichen, ja, ich würde fast sagen, beinahe mechanischen Sprungbewegungen geht, für das Pferd eine höchst unangenehme, mit schädlichen Folgen behaftete Erfahrung ist."

Federico Caprilli. In Carlo Giubbilei, Federico Caprilli. Vita e scritti (Mailand: Edizioni Equestri, 1989), S. 91

„Gerade wenn wir die Sprungtechnik näher betrachten, haben wir den besten Beweis dafür: Ein Pferd, dem man beim Springen im Maul reißt oder dem die Zügel im Sprung nicht nachgegeben werden, verspürt Schmerzen im Maul und an den Lenden. Um das zu vermeiden, verweigert es entweder oder lernt zu springen, ohne den Hals dabei zu strecken; es springt auf vier Beinen eckig und unbeholfen ab; darüber hinaus geht es das Hindernis verwirrt und unwillig an; es nutzt jeden Moment, um zu verweigern oder das Hindernis zu umgehen, oder es legt sich in einer Art Verzweiflungstat auf die Hand und stürmt blind auf das Hindernis los."

Federico Caprilli. Vita e scritti (Mailand: Edizioni Equestri, 1989), S. 72

„So lange es kleine, niedrige Hindernisse waren, machte ich noch halbwegs mit. Man kann zwar nicht von einer Kooperation zwischen mir und meinem Reiter sprechen, aber - mit wachsenden Schmerzen - versuchte ich zumindest, sie zufrieden zu stellen.

Als sie jedoch die Hindernisse erhöhten und der Schwierigkeitsgrad stieg - und ich keine Möglichkeit hatte, zu sehen, wo ich hinlief, habe ich Nein gesagt!

Ich wollte mich ja schließlich nicht umbringen!

Und so landete meist nur der Reiter auf der anderen Seite der Hindernisse...

„Gebt die Zügel nach, lasst euer Pferd den Hals ausstrecken, damit es sieht, wo es hinläuft. Ein Pferd, das nicht sieht, wo es hingeht, wird nicht springen.
Es ist illusorisch zu glauben, dass man ein Pferd halten kann, indem man an den Zügeln zieht. Ich bin hundert Mal gestürzt, und ich hätte den Sturz kein einziges Mal verhindern können, indem ich mich an den Zügeln festgehalten hätte; ganz im Gegenteil, weil ich zuviel mit den Händen machte und das Pferd sich nicht auf natürliche Weise im Sprung ausbalancieren konnte, kam es erst zum Sturz."

Federico Caprilli. Citato da Alessandro Alvisi in:
Paul Morand, Anthologiede la Littérature Equestre
(Paris: OlivierPerrin Editeur,1966), S. 380

„Die wenigen Male, die er mich zum Springen brachte, machte ich total gegen meinen Willen und aus einer so miserablen Position heraus, dass die Stangen alle herunterfielen… Und dieser Verrückte kapierte nichts und ärgerte sich jeden Tag mehr über mich. Eines Tages wickelte er mir Bandagen um die Beine.

Komisch, das hatte er vorher noch nie gemacht… Von diesen Bandagen ging ein übler Geruch aus, ein fürchterlicher Gestank … und dann ein unerträglicher Schmerz…

Sie hatten mir ein blasenziehendes Mittel unter die Bandagen geschmiert, damit ich mehr „Respekt" vor den Hindernissen habe… Wenn ich nur an eine Stange kam, wurden die Schmerzen noch heftiger… Und so einer spricht von „Respekt"… Es war eine schreckliche Erfahrung!"

„Nicht weniger sind die groben und hochmütigen Methoden zu verurteilen, die den Willen zerschmettern, die Seele erzürnen und die Intelligenz trüben; sie bringen charakterliche Werte zum Schwinden, töten das Genie und begraben jedweden Funken von Willigkeit und Leistungsbereitschaft unter einem Berg von Demütigungen."

Federigo Mazzucchelli,
Elementi di Cavallerizza
(Mailand: Pietro Agnelli, 1802), S. 130

„Nach Erfahrungen dieser Art dachte ich nur noch an Flucht, wenn ich diesen Typen auf mich zukommen sah und er mich reiten wollte. Nachdem er alle möglichen Gebisse ausprobiert hatte, um mich zu bremsen, verabreichte er mir schließlich ein „Beruhigungsmittel", um mich „umgänglicher" zu machen – eine tolle Lösung...
Ich war ein paar Jahre bei diesem Wahnsinnigen, bis er mich schließlich verkaufte.
Das Urteil lautete: ein „dummes" und „gefährliches" Pferd..."

„Als Kind wurde ich Zeuge, wie die Pferde gebrochen wurden. Ich sah, wie sie festgebunden und auf schrecklichste Weise misshandelt wurden. Ich spürte, dass da irgendwas grundsätzlich falsch war. Ich hatte den Eindruck, dass die Pferde überhaupt nicht wussten, was man von ihnen verlangte. Es war so schmerzlich, den Eindruck von totaler Verwirrung in ihren Gesichtern zu sehen."

Monty Roberts,
Join-up. La saggezza del cavallo per l'uomo
(Iesa Lama: Equitare, 2002), S. 77

„Und so begann meine Pilgerreise von einem neuen Besitzer zum nächsten. Ich erzähle dir nur von den verrücktesten, die ich in diesen Jahren erlebt habe.
Da war zum Beispiel eine Reiterin, die zwar im Grunde gute Absichten hatte, aber total an einem Putzfimmel und einem Parfümwahn litt. Sie war nicht böse, aber sie hatte überhaupt keine Ahnung von meinen wirklichen Bedürfnissen.
Sie behandelte mich wie ein Plüschtier, wie ihre dämlichen kleinen Hündchen, die sie immer mit sich herumschleppte. Ich wurde von oben bis unten einparfümiert, mit Schleifchen und Bändchen verziert, prächtig herausgefüttert – und kam mir vor wie ein Ausstellungstier. Meine eigentliche Natur wurde dabei verletzt, ins Lächerliche gezogen und erniedrigt. Es war zwar kein körperlicher Schmerz mehr, aber – sagen wir – ein moralischer Schmerz...
Eines Tages bin ich ausgebüchst und habe mich ausgiebig in einer matschigen Wiese gewälzt, um diesen ekligen Parfümgeruch loszuwerden.
Am nächsten Tag stand ich wieder beim Händler..."

Der nächste Verrückte war ein alter pensionierter Oberstleutnant. Er ritt gerne Figuren der Hohen Schule: Courbette, Pesade, Croupade, Ballottade... Schon am ersten Tag, wo er mich ritt, wollte er mir diese Sprünge der Hohen Schule beibringen, und das mit mir, der nicht einmal einfache Dressur gelernt hatte! Ich war überhaupt nicht in klassischer Reitkunst ausgebildet; ich hatte zwar ein paar Mal ältere Pferde davon reden hören, aber ich konnte mir überhaupt nichts darunter vorstellen. Körperliche und geistige Harmonie zwischen Pferd und Reiter... Tjö... Davon hatte ich keine Ahnung...
Mit diesem komischen Typen auf meinem Rücken war es eine echte Tragikkomödie. Er gab die Befehle und ich versuchte, sie auszuführen... ich weiß nicht, was dabei herauskam.

Ich weiß nur, dass mir der Rücken fürchterlich wehtat, und dass ich ganz nervös wurde, wenn ich ihn kommen sah... Ich war so verwirrt im Kopf! Und seitdem springe ich unfreiwillig in die Luft, wenn man mich an bestimmten Körperstellen berührt... und alle halten mich natürlich für verrückt... Auch bei ihm blieb ich nicht lange, und erst viel später wurde mir klar, dass er eine Gerte mit Elektroschock benutzte, um mich zu „stimulieren"...

„Aber das Schlimmste war noch nicht vorbei... Nachdem ich aus der Reitkunst der Hohen Schule rausgeflogen war, kam ein dummer junger Westernreiter, der sich offensichtlich für eine Art John Wayne hielt, der mich in die Welt der Cowboys einführen wollte. Ich wurde nach bester Westernmanier ausstaffiert, mit Nieten und Silber verziertem Zaumzeug und einem Riesensattel, und musste ihn mit wilden Galoppaden, bei denen mir der Bauch fast am Boden hing, zufrieden stellen und an fingierten Rodeo-Turnieren teilnehmen. Und jedes Mal wurde das Gebiss schärfer..."

„Takt. Taktgefühl.
Takt bedeutet im herkömmlichen Sprachgebrauch zum rechten Zeitpunkt handeln und sprechen. Es ist ein Zeichen von Intelligenz und wird mit der Erziehung perfektioniert; aber ebenso wie es Menschen mit beschränktem Intellekt gibt, den auch die beste Ausbildung nicht über ein gewisses Maß hinaus entwickeln kann, so wird auch eine Person, der es an Taktgefühl mangelt, dieses auch mit der besten Erziehung nicht erwerben."

François Baucher interpretitert von Dr. med. vet. R. Stodulka, Sein Leben, Sein Werk, Der Mythos, Wu Wei Verlag 2009

Auf der Suche nach Harmonie

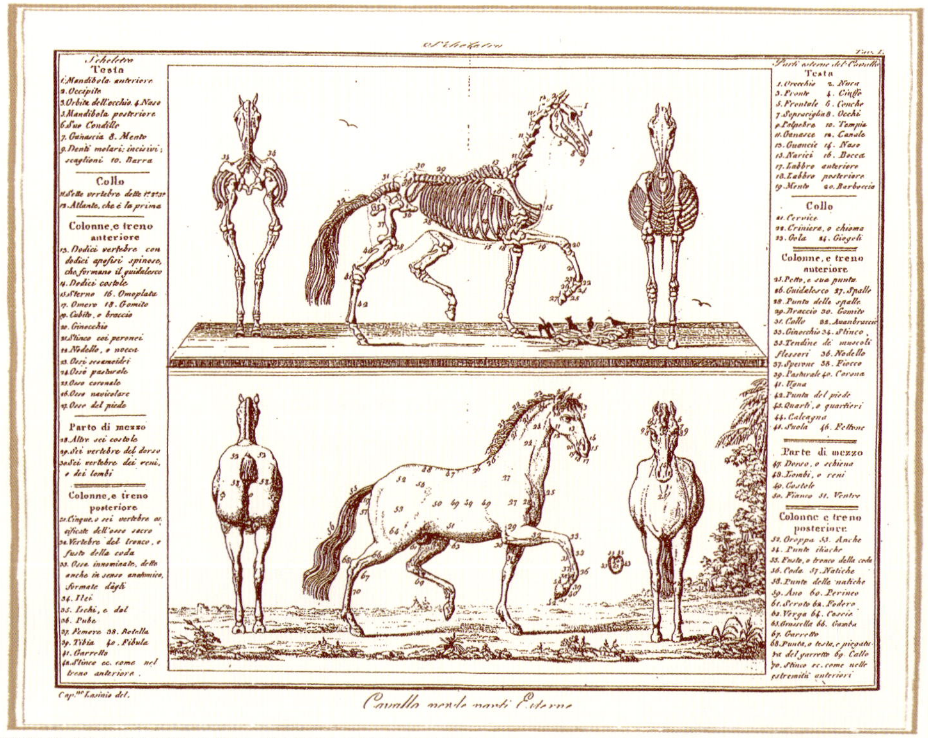

Attilas Bericht war sehr aufschlussreich gewesen. Anna verstand, dass sie viel Zeit brauchen würde, um sein Vertrauen und seine Achtung wieder zu gewinnen.
Als erstes wurde ihr klar, dass ihre Ausbildung völlig unzulänglich war und wollte Abhilfe schaffen. Sie vergrub sich in einen Haufen Bücher und begann zu studieren: Geschichte der Reitkunst, Ethologie (Verhaltenslehre), Klassische Reitkunst, Grundlagen der Veterinärmedizin...
Um mit Attila ein Vertrauensverhältnis aufzubauen, das sich auf gegenseitiges Verständnis und Kooperation stützte, bedurfte es viel Wissen... und zwar bevor sie das nächste Mal in den Sattel stieg. Eine neue Welt öffnete sich vor Annas Augen: wie viel Neues gab es da zu lernen und vor allem zu verstehen!

„Donnerwetter, was für edle Vorfahren!
Welche Leichtigkeit, welche Harmonie
und was für eine Verbindung mit ihrem Reiter!
Was hat sich dieses komische Mädchen
eigentlich in den Kopf gesetzt? Sie und ich…
ob wir es wohl schaffen werden?"

Mit geduldiger Bodenarbeit gelang es Anna, Attila so weit zu bringen, dass er sich wieder berühren ließ, ohne gleich zu erschrecken. Die üblen Erinnerungen wurden damit zwar nicht ausgelöscht, aber Tag für Tag durch freudige Erlebnissen ersetzt.
Nach und nach wurde Anna für Attila zu einer Bezugsperson, die ihm ein neues Gefühl von Vertrauen, Sicherheit und Schutz einflößte.
Mit Annas Hilfe lernte Attila, seine Umwelt mit neuen Augen zu sehen.

„Wir schätzen die Menschen, die sich unserer Sensibilität bewusst sind, Freundschaft mit uns schließen und uns ermutigen, unsere Fähigkeiten zu nutzen, um gute Entscheidungen zu treffen. Wir bewundern die Menschen, die uns ihre Welt liebevoll näher bringen und begreiflich machen und uns zeigen, was von uns verlangt wird, um zusammenbleiben zu können. Wir schätzen es, wenn sie sich um unsere Gesundheit und unser Wohlergehen kümmern und uns Bedingungen für ein ausgeglichenes Leben schaffen: Zeit zum Arbeiten, zum Spielen oder auch nur zum Grasen auf der Weide. Wir lieben und bewundern die Menschen, die uns zuhören, mit denen wir ein gegenseitiges Vertrauensverhältnis aufbauen können."

Kate Solisti-Mattelon, Parola di cavallo (Rom: Edizioni Mediterranee, 2004), S. 82

„Ich befehle dann dem Reitknecht, es mitten unter die Leute zu führen und ihm alle möglichen Dinge zu zeigen und es an alle erdenklichen Geräuschquellen heranzuführen. Und sollte das Fohlen vor einigen dieser Sachen erschrecken, muss man ihm sanft und keinesfalls mit Gewalt beibringen, dass nichts Gefährliches dabei ist."

Xenophon, Reitkunst, Dr. Klaus Widdra, Wu Wei Verlag 2007

„Steigerungsverfahren, wie man ein Pferd an alle möglichen ‚Gefahrenquellen' gewöhnt.
Am besten macht man ein Pferd mit Störfaktoren wie Trommelgeräusche, Musik oder flatternde Fahnen in der Halle oder im Viereck vertraut, keinesfalls außerhalb. Man muss dabei in langsamen Schritten vorgehen. Bei Trommeln beginnt man am besten mit ein paar vorsichtigen Schlägen. Sobald das Tier Zeichen von Unruhe zeigt, hört man damit auf, beruhigt es, streichelt es und beginnt dann von Neuem...
Schneller und sicherer kommt man ans Ziel, wenn man jede Lektion, mit der man ein Pferd an ungewohnte Dinge und Geräusche, die es erschrecken können, gewöhnen will, zu Fuß vom Boden aus beginnt."

Faverot de Kerbrech, Addestramento metodico del cavallo da sella (Mailand: Siaec, 2007), S. 73

„Endlich hilft mir jemand, meine Ängste zu überwinden und macht mich mit viel Geduld mit meiner Umwelt vertraut! Eigentümlich: zum ersten Mal in meinem Leben fühle ich mich ruhig, ausgeglichen und nicht in Gefahr..."

Anna war sich bewusst, dass nicht nur Attilas Wesen vergewaltigt wurde, sondern auch sein Körper völlig umgebaut werden musste. Attila musste zunächst lernen, sich wieder natürlich zu bewegen: mit viel Gymnastik zur Hals- und Rückendehnung entspannten sich seine zusammengezogenen, schmerzenden Muskeln.

„Nach regelmäßiger und korrekter Longearbeit wird man, wenn man mit der Hand über den Rücken des stehenden Pferdes streicht, hinter der Sattellage zwei robuste Muskelstränge zu beiden Seiten der Wirbelsäule spüren. Gleichzeitig erzielt man eine gute Kruppen- und Hinterhandmuskulatur.... Rücken und Hals sind gleichmäßig gebogen; das Pferd hat die nötige Durchlässigkeit erreicht. Das wiederholte Dehnen und Strecken des Halses und ein vermehrter Hinterhandeinsatz haben alle Steifigkeit gelöst."

Anthony Paalman, Il libro dell'equitazione (Mailand: Edizioni Equestri-Ediber, 1989), S. 175

„Die echte Ausbildung ist daher eine natürliche Gymnastik, mit deren Hilfe die Kräfte des Pferdes geweckt und seine Gliedmaßen gedehnt werden. Im Laufe des Trainings werden die stärkeren Körperpartien zu vermehrter Tätigkeit angeregt, was aber auch den schwächeren Körperpartien zugute kommt, die dadurch nach und nach gestärkt werden. Dabei werden die versteckten Kräfte des Pferdes, die es gewöhnlich aus seinem angeborenen Hang zur Bequemlichkeit zurückhält, freigesetzt. Damit entsteht letztendlich eine perfekte Harmonie im kraftvollen Zusammenspiel der Glieder, was es dem Pferd erlaubt, zwanglos und über einen längeren Zeitraum, auf die kleinste Hilfengebung seines Reiters reagierend, die regelmäßigen, majestätischen Bewegungen auszuführen, die es aus eigenem Antrieb heraus nur als Fluchtverhalten bei Nervosität zeigen würde."

Gustav Steinbrecht,
La palestra del cavallo (Mailand: Siaec, 1999), S. 38

„Dem Pferd zu gestatten, den Hals nach unten zu strecken und am langen Zügel abzukauen, fördert einen flüssigen Gang, was ihm wiederum erlaubt, seinen Rücken leichter zu strecken und zu biegen."

Anthony Paalman, Il libro dell'equitazione (Mailand: Edizioni Equestri-Ediber, 1989), S. 99

„Toll – meine Muskeln tun mir nicht mehr weh – und ich kann ja tatsächlich meinen Hals ausstrecken – unglaublich! Keine Schlaufzügel, keine Ausbinder mehr! Endlich kann ich mich natürlich bewegen und weit ausgreifen!"

Leichtigkeit und Harmonie prägten das Verhältnis, das mit der Zeit zwischen Anna und Attila entstand. Mit der Arbeit auf einem und zwei Hufschlägen schufen die beiden die Grundlage für eine neue gemeinsame Sprache.
Die Kommunikation zwischen ihnen wurde mit jedem Tag feiner, und beiden machte es gleichermaßen Spaß. Es war eine Freude zu sehen, wie Attila immer durchlässiger wurde und sich dabei tänzerisch in jede Richtung bewegte.

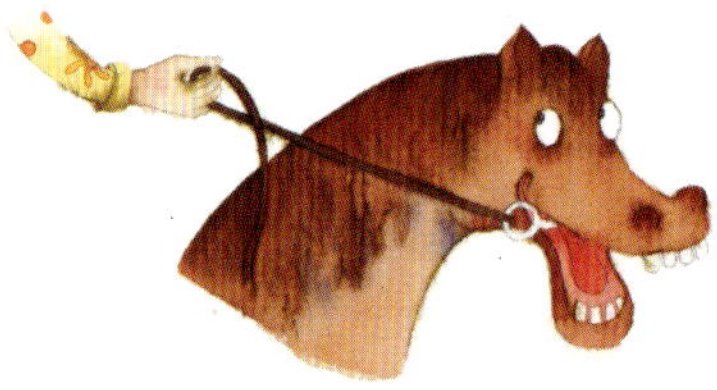

„Die grundsätzliche Leichtigkeit der Hohen Schule, der Bewussten oder Hohen Reitkunst, wie immer man sie nennen mag, findet ihren Ausdruck nicht in außergewöhnlichen Bewegungen, sondern in der perfekten Leichtigkeit, unabhängig davon, ob die Figuren einfach oder schwer sind. Die Leichtigkeit zeigt sich vor allem in der Nachgiebigkeit der Laden und Ganaschen, die als erste „Feder" die Auswirkung der Hand spüren; ihre Nachgiebigkeit erkennt man, wenn sie weich auf die Zügelarbeit reagieren. Die Beweglichkeit der Laden bedingt nicht nur die Nachgiebigkeit; die Flexibilität dieses Bereichs erstreckt sich weiter: über den Hals bis hin zu den anderen „Federn" als Folge des Zusammenhangs, der von Natur aus aufgrund seiner selbst zwischen allen Muskelkontraktionen besteht. Und nachdem sich Widerstände gegenseitig verstärken, folgt daraus, dass ein Widerstand der Kiefer auch Auswirkungen auf andere Körperregionen hätte und umgekehrt."

General L'Hotte, Questioni Equestri (Mailand: Ed. Equestri) S.22

„Die abwechselnden Kontraktionen von Vorder- und Hinterhand stellen wechselseitig Ursache und Wirkung dar. Das bedeutet, dass eine Steifigkeit in Laden und Ganaschen auch zu einer Steifigkeit in den Hüftgelenken und anders herum führt. Man kann also das eine mit dem anderen bekämpfen, und erst wenn es gelingt, beide auszumerzen, können das Gleichgewicht und die Harmonie zwischen Vorder- und Hinterhand, die diese Probleme verhinderten, wieder hergestellt werden: die Ausbildung des Pferdes ist auf dem bestem Wege zum Erfolg."

François Baucher interpretitert von Dr. med. vet. R. Stodulka,
Sein Leben, Sein Werk, Der Mythos, Wu Wei Verlag 2009

„Ähnlich wie ein Streicher seine Seele mit dem Bogen auf das Musikinstrument überträgt, überträgt sie der Reiter mit Hilfe der Zügel, die die Anlehnung bestimmen, sprich den Kontakt, den die Hand mit dem Maul hat, um dem Pferd das Gleichgewicht zu verleihen, das es ihm erlaubt, bestimmte Figuren auszuführen."

Ruggero Ubertalli, Elementi di equitazione naturale
(Mailand: Edizioni equestri 1990), S. 111

„Mein Maul bleibt so entspannt… auch meine Hüften sind nicht mehr so steif… ich kann mich endlich auch mit einem Reiter auf dem Rücken frei bewegen. Ich hätte mir nie träumen lassen, das das möglich ist!"

Lange Ausritte trugen weiter zur Festigung ihrer gegenseitigen Beziehung bei. Attila wurde immer sicherer, und seine Umgebung erschreckte ihn nicht mehr so wie früher.
Außerdem wecken Ausritte die Lust zum Vorwärtsgehen, was für die Ausbildung von grundsätzlicher Bedeutung ist.

„Lange, ausgiebige Galoppaden beruhigen Pferde besser als häufige Handwechsel, und lange, langsame Ausritte helfen einem hitzigen Pferd, Dampf abzulassen und sich zu beruhigen ohne sich aufzuregen. Wer glaubt, sein Pferd mit häufigen, schnellen Galoppaden müde machen zu können, ist komplett auf dem Irrweg. Unter diesen Umständen werden hitzige Pferde noch ungestümer, ziehen immer mehr und fügen in ihrer Aufregung – ähnlich wie ein cholerischer Mensch – sich selbst und ihrem Reiter häufig irreparable Schäden zu."

Xenophon, Reitkunst, Dr. Klaus Widdra, Wu Wei Verlag 2007

„Reittraining im Freien und im Gelände stellt sicherlich einen wichtigen Baustein der Grundausbildung dar. Wenn das Wetter und die Bodenverhältnisse es zulassen, sollten wir häufig im Gelände reiten. (...)
Ausritte im Gelände bieten zahlreiche Möglichkeiten, um das Pferd zu gymnastizieren; wir müssen das nur erkennen und entsprechend nutzen. Mit einem kleinen Ausritt ins Gelände können wir das Pferd mit lediglich einer halben Stunde im Schritt gut lösen – zuerst am langen Zügel und, so es das Pferd erlaubt, am komplett hingegebenen Zügel. Über maßvolle Schritt-, Trab- und Galopparbeit im Gelände können wir die Muskulatur des Pferdes trainieren und auf gesunde Weise kräftigen. Ein paar steile Anstiege zwischendurch oder Gelände mit Höhenunterschieden fördern Beweglichkeit und Geschmeidigkeit."

R. Klimke, Addestramento del puledro, (Mailand: Ed. Equestri 1990) S. 177.

„Donnerwetter!
Und ich dachte, es gäbe nur
Ungeheuer auf dieser Welt..."

Nach den schrecklichen Erfahrungen, die Attila im Springsport gesammelt hatte, war es besonders schwierig, ihn wieder selbst an niedrigste Hindernisse heranzuführen.
Auch hier begann Anna zunächst mit Bodenarbeit. Attila musste wieder lernen, Springen als ein Spiel – und nicht mehr als Folter – zu empfinden.

„Zuerst muss man das Pferd über einen längeren Zeitraum hinweg daran gewöhnen, frei oder an der Longe über alle möglichen Hindernisarten zu springen, denen es später mit Reiter begegnen kann.
Nach dieser Grundausbildung und wenn man sicher ist, dass es über jedes Hindernis springt, muss man es lediglich systematisch trainieren, damit es mit dem Reiter das springt, was es vorher bereits ohne Reiter überwunden hat.
Wir können aber nicht oft genug wiederholen, wie wichtig es bei diesen Übungen ist, das Tier während des Springens Hals, Kopf und Gelenke frei und natürlich strecken zu lassen."

Faverot de Kerbrech, Addestramento metodico del cavallo da sella (Mailand: Siaec, 2007), S. 72

„Ein parallel zum Boden ausgestreckter Hals ist für das Pferd nicht nur deswegen ausgesprochen nützlich, weil es auf diese Weise besser sieht und das Terrain besser taxieren kann, sondern hilft ihm darüber hinaus auch, die Lendenpartie besser zu entspannen und zu strecken und entlastet damit gleichzeitig auch die Sprunggelenke. Und nachdem es Nierenpartie und Sprunggelenke sind, die die meiste Arbeit dabei leisten, ist es von höchstem Nutzen, sie zu entlasten und zu schonen; nicht nur um ihre Leistung zu verbessern, sondern auch um ihren Verschleiß so gering wie möglich zu halten. Dazu kommt, dass ein Pferd das Gewicht des Reiters leichter trägt, wenn es ihm möglich ist, Nieren- und Beckenpartie in natürlicher Form zu wölben."

Federico Caprilli. In Carlo Giubbilei, Federico Caprilli. Vita e scritti (Mailand: Edizioni Equestri, 1989), S. 83

„Komisch: Springen ist gar nicht so schrecklich! Wenn ich meinen Hals strecken und mich ausbalancieren kann, macht das ja richtig Spaß!"

Anna merkt, wie Attila mit jedem Tag kraftvoller, elastischer und empfänglicher wird. Sie ist sich auch bewusst, dass ihre Verantwortung zunimmt, und ihre Hilfen immer präziser und feiner werden müssen.
Attilas Gehorsam wird durch die Arbeit belohnt. Und als sie sich das erste Mal an einer Pirouette versuchen, wird ihr die Bedeutung der so oft gelesenen und gehörten Übung klar: Das Aussetzen der Hilfen...

„Dann setzen Zügel- und Schenkelhilfen gleichzeitig aus. Das Pferd sollte jetzt auch ohne jegliche Hilfengebung... den gleichen Schwung und die gleiche Haltung in Schritt, Trab und Galopp bewahren.
Sind Pferd und Reiter ein gut eingespieltes Team, genügt dem Reiter eine minimale Hilfengebung, und das Tier wird seine Absicht sofort verstehen. Aus diesem Verhältnis zwischen Mensch und Tier entsteht zu guter Letzt ein Gefühl von Freiheit, das dem Pferd Achtung und Vertrauen einflößt."

François Baucher interpretitert von Dr. med. vet. R. Stodulka, Sein Leben, Sein Werk, Der Mythos, Wu Wei Verlag 2009

„Nun eine Übung, bei der man die Zügelhilfe aussetzen muss, wenn die korrekte Halswölbung beibehalten werden soll."

Nuno Oliveira, Principi classici dell'arte di addestrare i cavalli (Iesa Lama: Equitare, 2002), S. 122

„Diese letzte Art des Nachgebens der Hand bezeichnet man als „Aussetzen der Zügelhilfen". Diese Bewegung, die sehr schwierig zu kalkulieren ist und zum rechten Zeitpunkt erfolgen muß, zählt zu den feinsten und nützlichsten Hilfen in der Reitkunst, da das Pferd in dem Moment, wo es seine „Kopfstütze" verliert, in der Hinterhand nachgibt und und trotzdem leicht in der Hand bleiben soll, auch wenn es sich jetzt nicht mehr anlehnen kann."

François Robichon de La Gueriniere, Scuola di Cavalleria (SIAEC, 2002), S. 53

„Um festzustellen, ob die Anwendung korrekt erfolgt ist, kontrollieren wir, ob das Pferd perfekt im Gleichgewicht ist und lassen es in regelmäßigem Takt – ohne Zügel- und Schenkelhilfen – weitergehen. Dieses Aussetzen der Hilfen ist ausgesprochen wichtig; man sollte es häufig üben.
Das Nachgeben der Hand (das Aussetzen der Zügelhilfe) hilft dem Pferd, sein natürliches Gleichgewicht ohne Unterstützung durch die Zügel zu bewahren."

François Baucher interpretitert von Dr. med. vet. R. Stodulka, Sein Leben, Sein Werk, Der Mythos, Wu Wei Verlag 2009

„Wow – ich staune über mich selber! Eine Pirouette... und das obwohl wir so schlecht angefangen haben..."

Und eines Tages kam die Harmonie...

„Seine Glut ist Gefügigkeit gewichen, seine Kräfte sind präzise koordiniert; die Sporen sind unnütz geworden, es benötigt kaum mehr eine Zügelführung, da die Zügel nur Hilfestellung und keine Zwangsmaßnahme bedeuten. Willig und aufmerksam „hört" es seinem Reiter zu; seine Bewegungen sind unisono mit denen des Reiters verbunden, so dass man von einem totalen Gleichklang sprechen kann. Habe ich vielleicht Unrecht, wenn ich immer wieder behaupte, dass das Pferd von allen Tieren das bewundernswerteste ist? Mut, Schönheit, Güte, Kraft und Energie – all das vereint es in sich. Einen Menschen, der diesem edlen Tier nicht Freundschaft und Bewunderung entgegenbringt, kann ich nur als dumm und ohne jedwedes Feingefühl begabt bezeichnen."

François Baucher interpretitert von Dr. med. vet. R. Stodulka,
Sein Leben, Sein Werk, Der Mythos, Wu Wei Verlag 2009

„Wer möchte, dass sein Pferd nicht nur ein gutes Schlachtpferd ist, sondern auch unter dem Reiter einen prächtigen, majestätischen Eindruck macht, sollte unbedingt vermeiden, es mit zu scharfer Gebisseinwirkung im Maul zu reißen und zudem auf den Gebrauch von Sporen und Gerte verzichten – beides Mittel, von denen die meisten glauben, ihm ein imposantes Gehabe zu verleihen. Auf diese Weise erreichen sie aber genau das Gegenteil von dem, was sie eigentlich beabsichtigen. Wenn man dem Pferd das Maul nach oben reißt, kann es nicht mehr sehen, wo es hinläuft, und es mit Sporen und Schlägen zu malträtieren, führt nur dazu, dass es den Kopf verliert und in ernsthafte Gefahr gerät. Pferde, die auf diese Weise misshandelt werden, verhalten sich bei jeder Arbeit auf die schlechteste nur erdenkliche Weise. Gewöhnt man das Pferd hingegen daran, am langen Zügel – mit erhobenem Genick und rundem Hals – geritten zu werden, bringt man ihm im Grunde nur die Haltung bei, die ihm am natürlichsten erscheint und die es vorzieht. Hier sei auch gleich der Beweis angeführt, warum es ihm gefällt: wenn sich das Pferd selbst vor anderen Artgenossen zur Schau stellen möchte, vor allem vor Stuten, hebt es den Hals zu einer Wölbung und schüttelt stolz den Kopf dabei; sein Gang wird schwungvoller, und es hebt den Schweif. Bringt man das Pferd dazu, die gleiche Haltung einzunehmen, die es normalerweise einnimmt, wenn es sich zur Schau stellen will, hat das Pferd nicht nur Freude am Reiten, sondern macht auch noch einen prächtigen, schwungvollen und majestätischen Eindruck."

Xenophon, Reitkunst, Dr. Klaus Widdra, Wu Wei Verlag 2007

DANIELA PIOLINI
illustrierte in den letzten Jahren zahlreiche Kinderbücher, inspiriert von alten Geschichten und Legenden. Der Reitsport war schon immer ihre große Leidenschaft, und daher verbringt sie einen Großteil ihrer Zeit mit ihren Pferden Eowin und Milton. 2007 veröffentlichte sie im Wu-Wei-Verlag ihr Buch „S-Dressur".

ANTONELLA BOFFA BALLARAN
beschäftigte sich schon immer mit Pferden – beruflich und aus Leidenschaft. Zusammen mit ihrem Mann lebt sie in ihrem Ausbildungszentrum, wo sie, neben der Erledigung von Verwaltungsaufgaben, täglich bemüht ist, Pferden und Reitern ein würdevolleres Dasein zu bieten – mit viel Verständnis und Liebe.

Anmerkungen
Die Schwarz-Weiß-Aufnahmen stammen von den Fresken der Gebrüder Lorenzo und Jacopo Salimbeni aus dem Sankt-Johannes-Oratorium in Urbino (Anfang 15.Jh.)

Impressum:
Bibliografische Information Der Deutschen Bibliothek
Die Deutsche Bibliothek verzeichnet diese Publikation in der Deutschen Nationalbibliografie.
Detaillierte Bibliografische Daten sind im Internet über http:://dnb.ddb.de abrufbar
ISBN 978-3-930953-51-6

Herausgeber: Isabella Sonntag: www.wu-wei-verlag.com

Projekt und Illustration: Daniela Piolini

Textredaktion: Antonella Boffa Ballaran

Die Schwarz-Weiß-Aufnahmen stammen von den Fresken der Gebrüder Lorenzo und Jacopo Salimbeni aus dem Sankt-Johannes-Oratorium in Urbino (Anfang 15.Jh.)

Graphisches Projekt: Tineke Everaarts - Colazza
Druck: Finidr, s.r.o., Czech republic, 2009

Printed in Czech republic, 2009

Willkommen bei Wu Wei

Der Wu Wei Verlag legt größten Wert auf absolut authentische Autoren, die sich in ihrem Fachgebiet durch überdurchschnittliches Wissen auszeichnen.

Der Verlagsname „Wu Wei" stammt ursprünglich von dem chinesischen

Philosophen Laotse. Er steht für die Kunst des „Weglassens".

Das taoistische Prinzip Wu Wei bedeutet, durch „Nichttun" zum „Tun" zu gelangen – ohne unnützen Eifer, falschen Ehrgeiz und eigenwillige Absichten.

Isabella Sonntag

Ich danke Sonnenreiter und Steb für die
Unterstützung der Klassischen Reitkunst
www.sonnenreiter.de
www.st-eb.de

Das Buch und die DVD von Anja Beran

AUS RESPEKT! von Anja Beran
Kreiert AUS RESPEKT! vor den Pferden.
Med.-wissenschaftl. Aspekte:
Dr. Gerhard Heuschmann, 192 S.,
durchgehend vierfarbig illustriert, 23 x 27 cm,
ISBN 978-3-930953-14-1,
Preis: 68,00 Euro

SONNTÄGLICHE MORGENARBEIT
Von Anja Beran
Länge inklusive Bonusmaterial 75 Minuten
Preis: 39,90 Euro

Bücher und DVD von Gerd Heuschmann

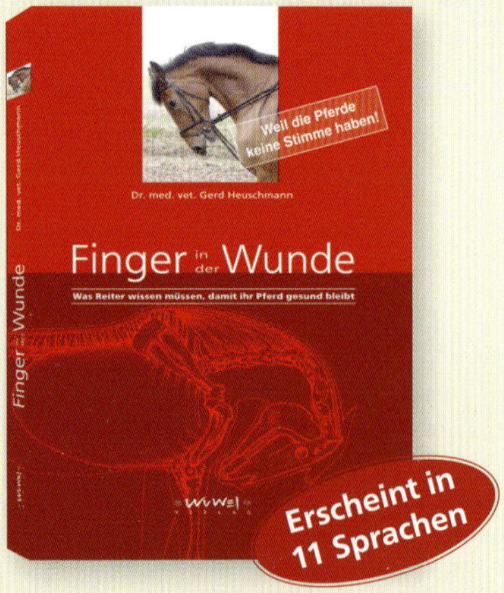

FINGER IN DER WUNDE
von Dr. med. vet. Gerd Heuschmann,
144 Seiten, farbig illustriert,
ISBN 978-3-930953-20-2,
Preis: 24,80 Euro
Überarbeitete Neuauflage

FILM: STIMMEN DER PFERDE
von Dr. med. vet. Gerd Heuschmann
Länge 70 Min.
ISBN 978-3-930953-41-7
Preis: 49,90 Euro

MEIN PFERD HAT DIE NASE VORN
In der Kinderhand von HEUTE liegt das Pferdeglück von MORGEN
von Dr. med. vet. Gerd Heuschmann
130 Seiten.
ISBN 978-3-930953-50-9
Preis: 26,50 Euro

AUFKLEBER

Verpackungseinheit bei den UV-beständigen Aufklebern
25 Stück - bunt gemischt - 9 Euro

Bestellungen bei:

www.wu-wei-verlag.com • Telefon 0049/8192/934192

ZWEIERLEI LEBEN –
Mein schmerzhafter Weg
zu wahrer Erkenntnis
von Timo Ameruoso, 124 Seiten,
ISBN 978-3-930953-22-6
Preis: 24,50 Euro

BOTSCHAFTER ZWISCHEN DEN WELTEN
von Linda Kohanov
288 Seiten, s/w,
ISBN 978-3-930953-40-0
Preis: 26,00 EUR

DAS TAO DES EQUUS
von Linda Kohanov
388 Seiten, s/w,
ISBN 978-3-930953-21-9
Preis: 26,00 Euro

PFERD & MENSCH
von Florian Wagner & Karl Forster
27 x 29 cm, ca. 144 Seiten
ISBN 978-3-930953-31-8
Preis: 48,00 Euro

PFERDE, PERSÖNLICHKEITEN, POESIE
von Renate Blank, 144 Seiten
ISBN 978-3-930953-30-1
Preis: Preis: 68,00 Euro

LORENZO
Von Luisina Dessagne & Robin Hasta Luego
Design: Sabine Gistl,
27 x 29 cm, ca. 148 Seiten
4-farbig mit zahlreichen Abbildungen
ISBN 978-3-930953-33-2
In französischer Sprache auch direkt bei Wu Wei erhältlich!

KURT ALBRECHT:
Ausbildungshilfe für Pferd und Reiter
ISBN 978-3-930953-45-5
Preis: 24,80 Euro

ROLL-KUR – die Überzäumung des Pferdes
von Prof. Heinz Meyer,
616 Seiten,
ISBN 978-3-930953-38-7,
Preis: 68,00 Euro

H.Dv.12
ISBN 978-3-930953-42-4,
Preis: 9,90 Euro

XENOPHON REITKUNST
Griechisch und deutsch
von Dr. Klaus Widdra
192 Seiten,
ISBN 978-3-930953-28-8
Preis: 39,90 Euro

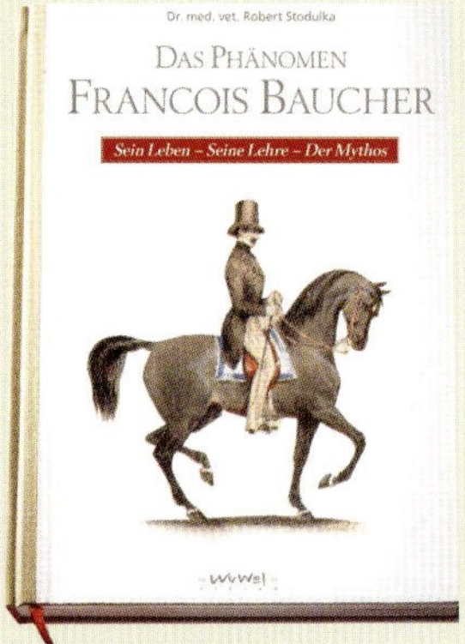

DAS PHÄNOMEN FRANCOIS BAUCHER
Sein Leben – Sein Werk – Der Mythos
von Dr. med. vet. Robert Stodulka
300 Seiten
ISBN 978-3-930953-52-3
Preis: 48,00 Euro

VERHALTEN UND PFERDEAUSBILDUNG
von Prof. Ulrich Schnitzer,
80 Seiten, vierfarbig,
ISBN 978-3-930953-37-0
Preis: 28,80 Euro

REITEN MIT GEFÜHL – Meine Antworten auf Ihre Reitkunstfragen
von David de Wispelaere und
Tessa van Daalen, 144 Seiten,
ISBN 978-3-930953-46-2,
Preis: 24,80 Euro

ZÜGELFÜHRUNG MIT GEFÜHL
Zügelunabhängiger Sitz – sitzunabhängige Zügelführung
von Gerhard Kapitzke, 216 Seiten
ISBN 978-3-930953-47-9
Preis: 34,80 Euro

GWENDOLYN
von Hans-G. u. Christa Lehmann
ISBN 978-3-930953-43-1
Preis: 16,80 Euro

DIE ABENTEUER VON ELISIA
von R. von Assel
80 Seiten, gebunden
ISBN 978-3-930953-08-0
Preis: 14,80 Euro

DER FEUERRITTER
Ein unglaubliches Abenteuer auf Schloss Kaltenberg
von Sabine Gistl u. Florian Wagner
16,8 x 23 cm, 128 Seiten, 4-farbig
ISBN 978-3-930953-35-8
Preis: 19,80 Euro

S-DRESSUR
von Daniela Piolini
vierfarbig illustriert
Vorwort Philippe Karl
ISBN: 978-3-930953-23-3
Preis:19,90 Euro

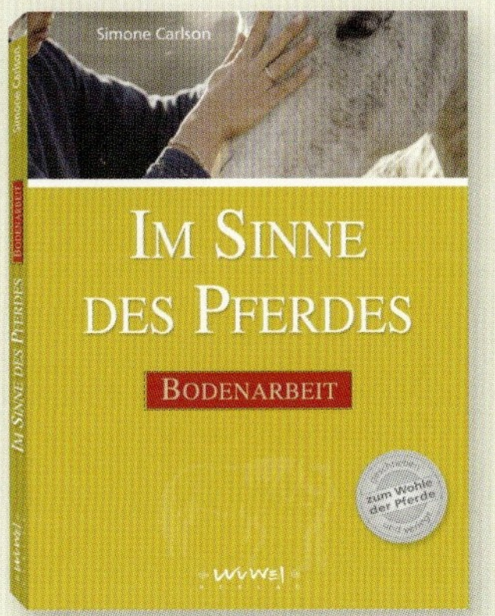

IM SINNE DES PFERDES BODENARBEIT
von Simone Carlson,
144 Seiten, vierfarbig,
ISBN 978-3-930953-36-3,
Preis: 24,80 Euro

Mein tierisch verrücktes Leben – eine Biografie
ISBN 978-3-930 953-32-5
Preis: 24,80 Euro

WEITERE DVDs AUS DEM VERLAG

FILM: AKUPRESSUR
von Dr. med. vet. Astrid Reitz
Länge ca. 60 Min.
ISBN 978-3-930953-44-8
Preis: 39,90 Euro

DER GESCHMEIDIGE SITZ –
die Sprache zwischen Reiter und Pferd
von Johann Riegler
engl./dt., PAL + NTSC, 60 Min.
ISBN 978-3-930953-49-3
Preis: 39,90 Euro

PIAFFE – DAS FACHMAGAZIN UND FORUM FÜR KLASSISCHE REITKUNST UND -SPORT

In 2007 erstmals erschienen. Am Kiosk oder als Abo (zweisprachig dtsch./engl.)

Die Aufgabe von PIAFFE soll es sein, dem Wohle der Pferde durch Vermittlung von Wissen und damit von reiterlicher Geistes-Bildung zu dienen. Wir heben darin solche Reitersleute hervor, die in aller Stille sich der Kunst verschrieben haben, von denen kaum einer was weiß, die zurückhaltend sind, so wie die Kunst selbst es verlangt und das Pferd in den Vordergrund stellen. Es ist für den Erhalt der Reitkultur sehr wichtig, dass sie sich dieser langwierigen, intelektuellen Aufgabe verpflichtet haben und damit ihr Leben in den Dienst der Pferde stellen und nicht umgekehrt!

Dabei ist die Berichterstattung rasseunabhängig. Behandelt wird das Grundsätzliche „Guter Reiterei" auf der Basis der alten Meister – beginnend bei Xenophon. Es handelt sich NICHT um ein Barockreitermagazin. Der Große Dressursport ist unbedingtes Thema des Magazins.

Erscheinungsweise: März und September

Einzelheft: 6,90 + Porto
Abo-Preis inkl. Versand und Porto Inland: 7,00 Euro und Ausland 10,00 Euro pro Ausgabe